二哈，原来你是这样的汪星人

小乖 编绘　　乐乐 助手

化学工业出版社
·北京·

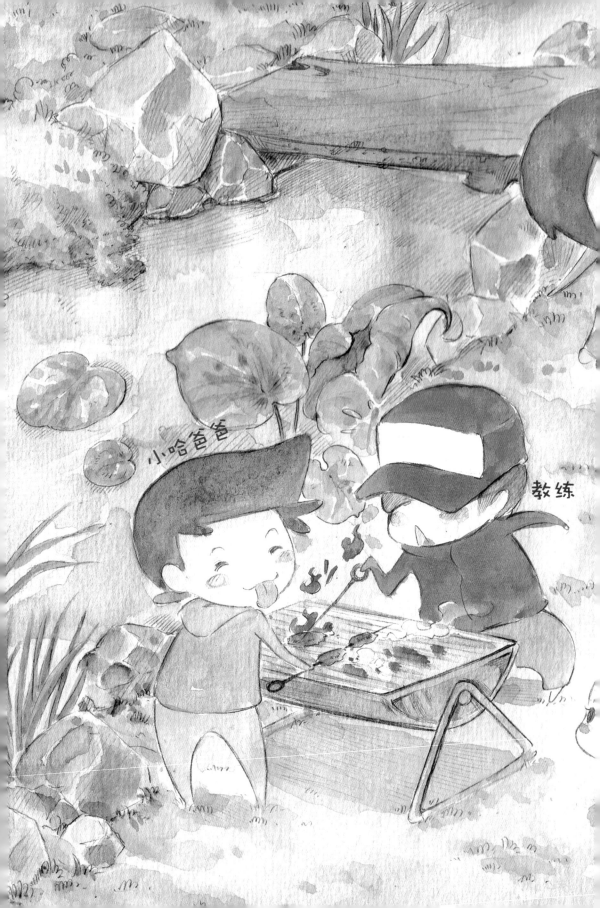

目录

SIBERIA HUSKY

CONTENTS

一、万事俱备养小哈

当我不再这么可爱的时候，

当我总是犯错的时候，

你还会依然爱我么？

养哈小测试

哇，好可爱！

好感人！我要养一只。

💜 你确定你是真的喜欢哈士奇，而不是因为看了某部电影或小说之后的一时冲动？

小不点！

小萌宝！

💜 你确定你会喜欢哈士奇一生中的任何一个阶段吗？例如它幼年的可爱，青年的躁动，中年的唠叨和老年的夕阳红，你都会一直不离不弃地陪伴它，爱护它吗？

都这么大了！

好像不那么可爱了……

你对哈士奇是否过敏？
不会因为几根狗毛就犯哮喘吗？

你的房屋能否承受哈士奇的折腾，你是否
也足够负担得起它造成的日常损失？

你会给它上户口，给它打疫苗，
并且时刻关心它的身心健康吗？

3

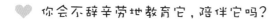 你会不辞辛劳地教育它，陪伴它吗？

 这个是什么？

好帅啊！

慢点！

GO!GO!

你会带它出去玩，并认真牵引它，会记得带上清理它大便的工具吗？

你是否有足够的耐心去训练它？必要的时候送它上专业学校？

A

A~~……

💙 你是否喜欢运动，是否会坚持每天带它去散步？最好还能经常带它出去野营等。

💙 你能做到视它为朋友或孩子，用公正善良的态度教育它，不溺爱，不虐待吗？

没事，没事，下次注意点就好了。

哼！气死我了！

唔……小哈太多了，我们快破产了！！

💙 你不会纵容它过度繁殖小狗，不得已也会考虑带它去绝育吗？

5

💜 你可以接受哈士奇时不时狼嚎的生理特点吗？同时还可以处理好邻里关系吗？

💜 你的家人也同你一样能够接受和享受有哈士奇陪伴的生活吗？

别叫了

汪汪！
嗷~

💜 你要有精力和耐心去平衡你家其他小动物和小哈的关系，因为小哈的到来会完全破坏原本和平的状态。

💜 你会对它的一生负责吗？直到它生命的最后一刻？

唉！

唉？

感谢你一生的陪伴，记住，我们会一直爱你！

你好！
你好！

嗷呜！
快跑~

一路走好，我们会想你的！

现在让我们看看各位的测试结果>>>

这位先生是 5 个 Yes，真是难得。

所以，您需要再考虑考虑自己是否适合饲养哈士奇。

这位女士是 10 个 Yes，太了不起了!! 真的让我们太惊喜了!!

那您只需时机成熟就可以领小哈回家了！

15 个 Yes，大满贯！您还等什么？快去享受拥有哈士奇的幸福生活吧！

恭喜

另外我们将颁发哈士奇最棒主人奖!!

谢谢
谢谢

8

养哈再测试

想一想，你真的准备好了吗？
我们还是再做一个小测试吧！

★ 你能接受哈士奇的全部吗？

我喜欢你就代表
我能接受你的全部。

★ 你有洁癖吗？它有时会很脏，
也可能会很臭，还会不时地舔你，到
处留下它的爪印。

非礼勿视　　非礼勿闻

不怕

牺牲

★ 你会为它做出一些牺
牲吗？如业余时间、娱乐
时间……你能承受哈士奇
的淘气破坏吗？如真皮皮
鞋、棉袜、墙纸……

9

★ 你想一想，它很调皮，会破坏，你愿意拿出耐心来正确地教导它吗？

它要是把我的古董花瓶打碎怎么办？

★ 你要是养了它，发现它其实和你想象中的并不是完全一样，你还会同样爱它吗？

为什么会这样？

如果你不能接受它的这些缺点，那么还是再考虑一下是否要养一只哈士奇。

待定

如果你全部接受，欢迎你走入拥有哈士奇的幸福生活！

纯种哈士奇

你还在纠结是否买一只纯一点的哈士奇吗？其实这是个错误的观念，只有纯和不纯之分，没有所谓的更纯点和不太纯……

你只是比我纯一点而已！

美哈大奖赛

这是什么怪物？

爸爸：哈士奇
妈妈：外星狗

祖祖辈辈都是哈士奇

谢谢大家！

特纯

微纯

我可以得个微纯奖的……

孩子，不要紧的，我们可以回火星。

其实都怪为父我当年视力不好。

小哈到家前要准备的物品

饭碗

饮水机或水盆

幼犬专用狗粮

航空箱或狗窝

狗厕所

废报纸

P链

梳子

围栏

玩具咬胶

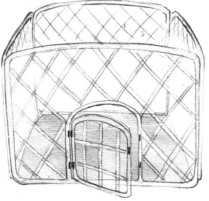

其实最重要的还是心理上准备好迎接一位新成员的加入……

小哈的性格特征

小哈属于中型犬，身体结实，耐力极佳，但并不适合拉过重的物品。

雪地里的三种犬品种分别像……

哈士奇好比雪地中驰骋的"跑车"。

阿拉斯加好比重型"运货车"。

萨摩耶好比小巧精悍的"旅行车"。

相比之下你更喜欢哪种"车型"呢？

小哈性格温顺友好，不会主动攻击人，喜欢和人亲近，对陌生人也很热情……

你……
你想干吗？

先生，你空虚吗？
你寂寞吗？
让我来陪你好吗？

小哈的专属性不是很强，有时甚至对别人比对主人还亲热。

拜托，别在外面丢人了！

嗨！美女

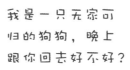

你这个白眼狼，是谁把你养大的？

哇！好可爱的狗狗！

我是一只无家可归的狗狗，晚上跟你回去好不好？

以后你们俩就
是好朋友喽！

小哈对同类也非常友好，
不过也别惹到它哟，有时
也会发飙的……

电线杆

我也要嘘嘘！

轮到你了

吓！

我……只不过不小心
踩到你尾巴而已……

想打架吗？！

你们相处这么
好我就放心了。

蹭~　友好~

痛！

16

小哈拥有旺盛的精力和充足的好奇心，奇怪的是对比之下，公小哈要比母小哈脾气更好些，也更容易教导，母犬在许多时候会过分活跃和神经质……

小哈因为精力充沛，所以它闲得无聊的时候就会帮你把家里的任何东西都细心地检查几遍，以考究你购买物品的坚硬度……

例行检查啦！

快跑！

逃命吧！

擅长：

咬！

挖！

埋！

杀伤力：200%

小哈在小时候运动量可以相对小一点：30～60分钟。

长大后运动量要加倍哦！

PA PA……

冲啊！

所以想要小哈对家里的家具"口下留情"的话，
最好每天按时带出去遛遛，以消耗它的体力。

亲爱的，
我美吗？

总重：360斤

别在那恶心了，该
带我出去玩了吧！

要出去就说一声嘛，
你不说我怎么会知道呢？

哈士奇一出门就像被虐待已久的囚犯
一样，迅速逃离你的视线，怎么叫都不理你。

YEE~~

二、满心欢喜迎接小哈的到来

你这么看着我是喜欢我呢？

还是喜欢我呢？

那就包养我啊……

小哈初到的第一周

小狗离开狗妈妈到了一个新的环境以后会相当恐惧，所以会找一个窄小的地方躲起来，因此床底下或沙发底下都是它们最喜欢的去处……

笨蛋！

快出来！

这个时候不要用敲地板或者生拉硬拽的方式让小狗出来，那样只会让它更害怕。

白痴！
你吓到它了！

哈哈，
抓到你了！

快出来吧！

一直叫，还让不让人睡觉啊？

困死了！

小哈到新家的第一天彻夜地叫怎么办？小狗到了新环境的第一夜一直叫的主要原因是害怕，当它开始呜咽的时候就把它放到航空箱中。相对封闭的小空间会给它安全感。

嗷

嗷

来，我们来玩球球！

如果它还一直不睡觉，只是叫，主人可以陪它玩一会儿，让小狗感觉疲劳，自然会入睡……

是时候拿出秘密武器了。

秘密武器？

老婆好厉害。

终于睡着了。

该不该让小哈上床睡？成犬的习惯都是在幼犬时期养成的，如果你允许4个月的小哈上床睡觉，当它长大后就会把床当成自己的领地，如果有一天你禁止它上床，那么床上肯定就会出现一片又一片的占地盘痕迹，为了不必要的麻烦，还是让小狗从小习惯睡在地板上铺好的垫子上或者狗窝中比较好。

以后我们就一起睡了。

今后你就不能上床了！

那是我的地盘！

老婆，我们家小哈画得越来越好了。

能不能叫它别再画在床单上了！

之前被尿的床单

老婆真聪明！

如果心疼狗狗，可以将狗窝放置在离床比较近的地方。

这样以后应该不上床了吧？

别以为这样就能把我忽悠过去！

好臭,多久没洗澡了?

应该是从来没洗过。

什么时候才能洗澡?小狗进入新家心情紧张,身体处于紧绷的应激状态,所以,最好不要马上洗澡,以免造成新的应激或着凉。

那一起去洗个澡吧!

住手!你个白痴!

小狗抱回家后,至少先观察一周,如果小狗的睡眠、饮食、排泄、情绪都正常,那么就可以洗第一次澡。

仔细观察!

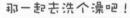

排泄正常。

饮食正常。

睡眠正常。

情绪正常。

我观察了一周,一切都正常,但一定要用温水。

一周前打的,现在还没有消掉!

如果洗澡前实在觉得狗狗臭得无法忍受,可以用温水浸透毛巾并尽量拧干后进行擦拭。

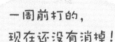

小哈在想什么？

你想干吗？

笨蛋，我想上厕所。

小哈大声喘气、打转、找墙边和墙角……这表示它要便便了。

好想再来一碗。

不用帮妈妈洗碗啊！

小哈吃完饭还一直在舔碗，这表示它还想再来一碗。

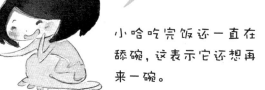

别打扰我看书啊！

小哈发出狼嚎一样的叫声。这表示它寂寞了，觉得无助了。

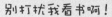

呃

好寂寞哦！

我只想自己待一会儿。

来，快出来啊！

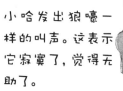

小哈躲在床下不出来，这表示它害怕陌生环境，想在相对封闭的空间静一静。

小哈打疫苗

阿星！组织需要你。

真的吗？我等这一刻已经二十多年了。

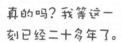

该什么时候给小哈打疫苗呢？

不惜任何代价给这个小哈注射疫苗，不然它很有可能会携带病毒危害世界……

疫苗注射时间表：
7周～8周：第一次2联疫苗。
11周～12周：第二次4联疫苗。
14周～15周：第三次6联疫苗。
            +1针狂犬疫苗。
以后每年1针6联+1针狂犬疫苗。

星特工，你明白你的任务了吗？

遵命！

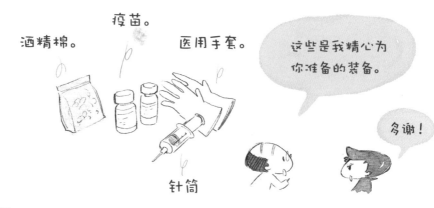

酒精棉。

疫苗。

医用手套。

这些是我精心为你准备的装备。

多谢!

针筒

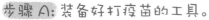

步骤 A: 装备好打疫苗的工具。

步骤 B: 把液态瓶里的液体吸出，注入到粉状瓶里摇匀。

液体

吸

推

粉状

充分溶解。

明白!

我瞬间感到充满了力量!

阿星，到了那边会有女特工和你接头，别忘记暗号……

居然有人要偷袭。

发现目标……

偷偷摸摸……

住手！疫苗不能乱打，市场上疫苗很多，你选择正确吗？

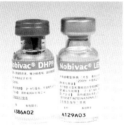

此外，还有美国辉瑞疫苗等。

我选择的是……荷兰的英特威。

29

那么该怎么打呢？

步骤C：把之前溶解好的液体吸到针筒里，将里面的空气推尽。

吸。

推。

把小哈抓来。

好怕怕，它会咬我吗？

你这没用的特工。

步骤D：小哈脖子后面的肉比较松弛，可以选择这儿作为注射点。

居然还在睡……

步骤 E: 用酒精棉给将要
打针的地方消毒。

好凉快

步骤 F: 将针扎入毛皮和
肌肉中间, 然后
慢慢把药水推入
小哈体内, 拔出
针头, 用酒精棉
消毒。

慢慢推入药水。

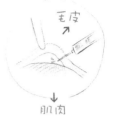

毛皮

↓
肌肉

梦到背上被蚊
子咬了一口。

好大的脾气啊!

终于醒了。

该死的, 你们对
我做了什么?
你们这些愚蠢的
人类!

步骤 G: 适当按摩给小哈打针的地方。

第一天的合理饮食

① 清晨，可以先给幼犬一些清水。

② 喝过水半小时后，用纸杯量出半杯狗粮作为幼犬的第一餐。

③ 第一餐吃完后，引导狗狗去希望它以后固定排便的地方，耐心等待它排大小便。

④ 第一餐3个小时后，给狗狗同样分量的狗粮作为第二餐，餐后同样引导并等待狗狗在指定位置排便。

⑤ 再过3个小时后，给狗狗同样分量的狗粮作为第三餐，餐后同样引导并等待狗狗在指定位置排便。

这么晚了，
还要吃啊！

6 如果幼犬在睡觉前没有特别饿的表现，可以不再给食物，但如果狗狗围着你乞食、舔饭碗，可以再给它一餐。

饿死我了
再给我吃
一点吧！

7 一天内应随时观察并给狗狗添水，保证它随时饮水。

是！是！

小哈渴了，
快倒水！

8 在给零食前最好也先用纸杯量出一天的总量，再以此为标准随时给狗狗食用，以便控制每天的热量摄入。

不行！今天热
量摄入超标了。

好饿，再
来一碗！

9 随着狗狗的成长，
每周适量增加狗粮的量。

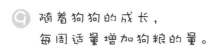

你也想要吗？
好吧，接着！

每周适量增加狗粮。

不要随手给
狗狗零食吃。

不能再给你吃了，狗狗吃多
了人类的东西会肾衰竭的。

如果没有特别需要，不要
随手给狗狗零食吃，以免
养成狗狗馋嘴挑食的毛病。

哇，又有的吃了！

啊！你别乱来啊！

愚蠢的人类！
交出来！

小哈的营养食物

下山去吧！

好徒儿啊，你已得到我们的真传！

两位恩师请受徒儿一拜！

哪里学的吃相啊！

真是"狼吞虎咽"啊！

不会辜负师傅们的苦心教导。

这种吃法好多美食都没法吃了！

那就一辈子吃狗粮吧！

哎，怎么不早说！

吃饱了就和我
出发跑步吧！

好啊！

刚吃饱跑不动了吧，
我都快追上你了！

哎呀！
不得劲啊！

小哈你怎么了？
我带你去医院吧！

胃！好疼！

小哈得的是
"胃扭转"，
幸好发现得早。

哦，看来刚吃饱就
剧烈运动是不对的！

洋葱　葱

咸肉　生肉

甜食　奶油蛋糕

会引起中毒。即使通过
加热，有害物质也不会分解。

不宜食用盐分过高的食物。

糖分过高的食物，
会引起肥胖或腹泻。

鱼骨　鸡肉

辣　调味料　咖喱

牛奶

常会造成呕吐、腹泻或便秘。

刺激性强，气味浓，
导致狗狗肠胃不适。

不易吸收，
导致腹泻。

墨鱼　章鱼　贝类　蔬菜　花生

年糕　紫菜

巧克力

不易消化，造成
腹痛、腹泻。

会堵住咽喉，
引起窒息。

对心脏及中枢神经
有严重影响，甚至死亡。

医生说上面介
绍的类似食物
它都吃不得。

都好想吃！

嗯，那我们该给
它吃什么好呢？

另外，在喂食时要给狗狗充足的水。

市面上的狗粮大概分四类，可综合狗狗需求和家里的经济条件选择搭配。幼犬需要蛋白质和热量较高的食物，成犬就要少一些。

干狗粮

肉干类

罐头类

湿狗粮

要给足水哦！

注意狗狗四季饮食的差别。

食欲旺盛。

春 控制热量，充分运动。

没食欲，精神好。

夏 燃烧体内脂肪。

吃回来。

秋 储蓄能量，吃高蛋白、高热量的狗粮。

暖啊！

冬 保持体温增加热量，吃富含蛋白质、脂肪的高热量食物。

那么狗狗的皮毛稀薄该吃什么补补呢？

下面我们介绍一下营养品吧！

美毛粉

美毛粉可用来改善哈士奇皮毛稀薄的现象，在狗粮中适量添加美毛粉有助于发毛生长以及维护毛发的光泽度。但因其含有一定的蛋白质和脂肪，胖狗不易多吃，避免脂肪增加过快影响毛发生长。

×××美毛粉，你，值得拥有！

呀！差点被自己的毛闪瞎了眼！

啊！莫非你吃了传说中的"美毛粉"！

你吃得太多了，忘了告诉你了，要多晒太阳，才有效果的。

我吃了怎么就变肥了呀！

医生还给我一本食谱。

专供幼犬的餐品，和大家一起分享吧！

米饭 500 克

鸡肉 200 克

食用油 20 克

胡萝卜半根

鸡肝 100 克

西兰花 20 克

嗯，有点甜。

将所用的食材洗净、切快。

油热后倒入鸡肉和鸡肝拌炒一分钟，加水烧煮。

煮沸后往锅中加入备好的米饭，蒸煮 3 分钟。

起锅前加菜末即可食用。

完成了。

好香啊！

五色鸡肉饭

红酒 100 毫升

高汤 400 毫升

牛腿肉 120 克

橄榄油 20 毫升

西洋芹 1 根

蒜头两瓣

土豆一颗

哎呀！
太滑了！

快还给我！

就不！

红酒炖牛肉

白酒 20 毫升

橄榄油

高汤

鲜奶油
100 毫升

青椒、红椒、黄椒
各半个

香菇四朵

鸡胸肉

先把辣椒和
香菇切成丁。

再将鸡肉爆炒。

最后再加入白酒，
白酒呢？

这饮料……额……(⊙。⊙)
这……可真带劲啊！

三椒香菇鸡球

蛋黄
（美毛、补充维生素A）

奶酪
（美毛、补钙和蛋白质）

菠菜
（补血、助肠胃蠕动）

鱼肉
（美毛、催奶）

鸡胸肉
（蛋白质丰富、纤维
合理、脂肪较低）

牛肉
（补充能量、促进生长）

以上是最适合
哈士奇的食材。

狗粮的硬度是按照狗牙齿的硬度特别
设计的，除了可以锻炼它们的牙齿，
还有清洁口腔和预防牙结石的作用。
不吃狗粮的狗狗在中老年阶段牙结石
和掉牙的情况会远远高于吃狗粮的
狗狗。以上就是吃狗粮的重要性了。

观察小哈的需求

判定犬营养状况的好坏，主要观察狗的体形和皮毛。健康犬应肥瘦适度，身体线条流畅，肌肉丰满健壮，皮毛光顺且富有光泽。

若犬身体消瘦，肌肉松弛无力，皮毛显得粗糙无光、焦干等，通常是患有寄生虫病、皮肤病、慢性消化道疾病或某些传染病的表现。

啊？这是我最贵的裤子。

判定狗狗的个性就要看它的行为了。有的狗喜欢挑战权威，会以咬裤脚或者叫的方式向主人提出要求，这样的狗有一定的领导才能，但是要注意不要让它过分嚣张，最好对它的行为从一开始就加以控制，以免以后发展成为"小霸王"。

啊！我在打妖怪！

你明知道它胆小还吓它。

怕怕……

而有的狗天生比较胆小，就要鼓励它多多外出，多与陌生人和陌生环境接触，当它胆子大一点以后，就不会出现乱叫乱跑的情况了。

当然，哈士奇的很多动作是下意
识的，也有可能是它有某种疾病
或者心理障碍的表现。

疾病

抓抓

心理障碍

舔舔

有的哈士奇会常常摇头，并用爪子抓
自己的耳朵，那么它很可能有耳螨。

如果它一直不停地舔舐自己的毛，而
本身又没有皮肤病的话，那么可能是
过分孤单而患上了心理疾病。

估计又犯了！

寡人真是孤独啊！看！
空有一片江山有何用？

？？

我们应该多陪陪它。

嗯嗯！

其实养哈士奇最愉快的事情就是能与它朝夕相处的感觉，
多观察它的行为，人与狗相互理解的程度越深，彼此的
爱也会日益加深。

45

和哈士奇建立感情的最好方式就是多接触、多交谈、多抚摸。

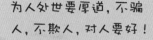

为人处世要厚道，不骗人，不欺人，对人要好！

以后要乖、要听话、不发脾气！

虽然狗听不懂你在说什么，但它能感受到你的表情和语气，从而更加理解你的想法。

喂！是这样奖励的吗？

好孩子，会捡球了，奖励一下。

对我怎么就没那么温柔呢！

抚摸、轻拍就行了。

乖……好孩子！

每天与狗狗一起进行的散步和游戏是必不可少的，睡前或者吃饭时间可以对狗进行抚摸，鼓励狗，或者玩儿得高兴的时候，可以伸开手掌拍打小哈的背部，所有的小哈都喜欢被主人轻拍的感觉。

我是首领

狗在未被驯养的时代处在集体中生活，狗在狩猎时都会按首领的指挥采取行动，所以一只哈士奇一旦被一个家庭收养，就会在家里找出一个人来当自己的"首领"，而且还会为家庭其他成员排出序位，决定自己在这个家里当"第几把手"。

嗯！我去意已决，你们退下吧！

首领请三思啊！

三思啊！

对不起！

给我处理干净，罚你一个月零花钱！

好强的霸气！看来这个家她才是首领。

口渴了吧，来喝水。

小哈也会把自己所在的家看成是一个群体，然后找出家里的"首领"。

岂敢岂敢，我自己来就是了。

47

但也是要注意，如果太疼爱哈士奇，它反而会误认为自己是家中的"老大"，那可就没办法管教了。也正因为如此，平常教育它时还是严厉些好。

小祖宗，来吃饭了。

连家里的首领都屈服于我，看来我才是老大！

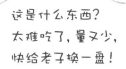

怎么了？

好一头"白眼狼"！

这是什么东西？太难吃了，量又少，快给老子换一盘！

啊？这是怎么回事？

今后我才是老大！

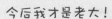

排泄训练

好饱啊！

幼犬一般会在睡醒和吃饭之后便便。

早晨好！

老婆，我画上有大便！

这样看起来就更有艺术价值了。

可以先在笼子外面铺上一些报纸。

现在要开始做排泄训练了。

加油！

把幼犬放出来之后让它在报纸上活动，直到它便完为止。

当幼犬便便之后，主人应及时地给予夸赞、抚摸幼犬、奖励给它零食或玩具，如果它们尿错了地方，也不要惩罚，清理干净并用除臭剂把味道去除。

踩到雷了。

好孩子，真棒！

训练注意事项：做对了要及时奖励，做错了不要惩罚。

哎~

还会远程了。

当幼犬开始在铺好的报纸上便便时，再慢慢地减少铺报纸的数量。坚持几天，再把报纸铺到厕所或者比较容易打扫的地方。

由于幼犬的排泄系统还没有发育完全，经常会有憋不住乱拉的情况，主人要坚持训练，巩固效果，当幼犬五六个月大的时候，就习惯在外排泄了，训练结束。

它终于在外面拉便便了。

终于成功了。

喂，快过来处理一下。

磨牙期

两个月以后的小狗都可能出现磨牙的状况，这个时候可以买狗咬胶给它磨牙，减少它对其他东西的兴趣，但是，对于小哈来说，家里所有的东西都是它的磨牙工具，所以，对付小哈磨牙期最有效的方法就是把你不希望被咬的贵重物品都转移到别处。

嗷~呜~

从前有一只天狗……
到了磨牙期，它到处咬东西。

最后就开始咬月亮，只有这样才能过瘾，这就是传说中的："天狗食月"

后来被神仙分成千千万万的小狗，打下了人间。我们家前不久就来了一只，仔细算来它快要两个月大了。

天呐！那不就是到磨牙期了。

牙齿痒痒的。

它，它来了！

完了！

这帮东西最近怪怪的。

啊！吓死我了！

幸好是路过！

哎，不自觉地咬了起来，得罪了哈。

呜呜，没法见人了！

跑啊！

同志们，主人体恤我们的处境。
特意，找来对付小哈的"神器"。

真的吗？有救了。

它由牛筋和猪皮制成，无色素，无添加剂。

它就是"狗咬胶"
狗狗磨牙的首选。

NO

色素添加剂

怎么那么有嚼劲！

向狗咬胶致敬！

请购买像我一样正规品牌的狗咬胶。
市面上型号很多，不要选择有色素、香
精和添加剂的，以免危害小狗的成长。

一个狗咬胶会光荣倒
下，但为了保护你们，
还会有千千万万个狗
咬胶站出来的。

唔~~

恩公啊~

这是我们这个月的损失报表，相当惨烈！

嗯，同意！

我们要从源头抓起，将损失消灭在萌芽之中。

战术如下：

转移注意力，
将小哈的注意力吸引到玩具上。

来，玩球啊，玩玩具。

疲劳轰炸
将小哈的精力消耗在日常的散步和运动上。

嘿咻，嘿咻。

哈哈，冲呀！

累死我了，没力气咬家具了呢！

后者战术效果最佳，多花点时间陪小哈运动，会极大地降低家中的损失。

转移贵重物品

把不想被破坏的物品转移到安全地带。

这样小哈就没法搞破坏了。

古画

古董

哎，小哈嘴里的东西好眼熟啊。

哦，很像人民币啊！

那可是我们三个月的血汗钱啊！

快回来！住口！小哈！

你是否有心爱的真皮皮鞋，
被小哈咬的面目全非的情况。
如果不知道怎样避免这种情况，
那么就不要犯下面的错误。

千万不要用穿着皮鞋
的脚去逗小哈。

瞧，我的新皮鞋，
可是真皮的哦！

唉，有新玩具。

还我皮鞋！

真是个有趣的游戏！

还给我呀！那可是
花了我 3000 块买
的真皮皮鞋啊！

是我咬的吗？
我怎么不知道。

小哈的脱毛

我要用无敌牛虱对付你！

现在可是春季，你输定了，嘻嘻！

我这一抖可是千军万马，我们兵力悬殊啊！

好！
我们夏季再战吧，
今日暂时休战。

差一点就被吹光了。
看来我的皮肤病严重了，
要尽快去找太白看看。

哟，太白金星
的药真好啊！
一下就恢复了。

吃饭时间到了，
回家咯。

哎呀，原来
刚才是做梦啊！

梳子
7.5寸即可，
齿间均匀，
表面光滑。

哦，醒了，我在帮你刷毛。
好多啊，来年冬天我就
可以做个狗毛毯子了。

干嘛呢你！

好热啊!
好讨厌夏天!

真的好热啊!

哎!小哈开空调了!

有空调就有未来,
舒服多了!

老婆,我
回来了。

天啊,这是要焦啊!

这是谁啊?

59

听说了吗？今年的"四大火炉城市"被刷新了。

是吗？那几个啊？

那分别是杭州！

杭州！

杭州！

天然的，还是

杭州！

这公平嘛！啊！

你只在杭州就知道杭州热，你热疯了吧！

还不是你们自己搞的。

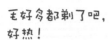

剪短毛发会让狗狗自卑，不但会影响其自身的调节能力，还有可能因此患皮肤病。

毛好多都剃了吧，好热！

不可以这样，快住手啊！

洗澡

哇！
天上掉脸皮了。

哦，是吗？

不能要啊！要了
就是二皮脸了。

你说它要
不要脸啊？

应该不
会要吧！

那就换成
皮毛吧。

这样也行！！！~！

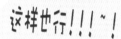

此后我就有了
两层皮毛！

麻麻再也不用
担心我的出行。

不过洗澡
就麻烦了点。

是你这么给小哈
洗澡的吗？

怎么还没打湿？
两层毛真麻烦。

是，知道了。

洗澡前要先将毛梳开，
否则会打结的。

喷淋从后腿开始，
让小哈适应水。

春天水温36℃~37℃，
逐渐淋透身体每个部位，
面部要用海绵擦。

洗毛精

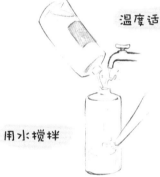

温度适合的水

用水搅拌

淋上洗毛精后
用手从颈部开
始向下揉搓按
摩全身。

往左一点，对，
就是那里！
舒服！

这力道合适不？

你不是手脚
骨折了吗？

怎么会
是你在按？

敢骗我！看我不
一掌劈了你！

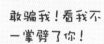

仔细清洗趾缝。

用手捏住耳朵
揉洗耳后，切
记不要洗耳内。

用海绵清洗
面部。注意避
开眼睛和耳朵。

不要趁机
吃我豆腐。

哇，好可爱啊！

尾巴也要
仔细清洗。

最后冲去泡沫，
一定要彻底。

好好把它擦干净，
我去拿电吹风。

好的。

这感觉就如同
超人一般。

突然间有了环
绕地球的力量。

你们两个要
二到什么时候。

超人归来，
把你吹干。

不好了，
有臭氧层。

要选用大功率强力吹风机
从尾至头吹，一定要吹干，
不然会引发湿疹。

美容院用的大功率强力吹风水
机可以促进毛发的新陈代谢，
有效防止毛发打结。又可检查皮
肤的状态，如是否有螨虫等。每周
一次的吹毛护理可使二哈的皮毛
经常处于自由呼吸的状态。

吹干后我们先用木柄梳把狗狗全身上下都刷一遍。

梳毛工具

木柄梳

可刮掉脱落的死毛，解开毛结（由毛根到毛梢顺着梳，切勿生拉硬拽）。

排梳

主要用于进一步梳调及整理毛发。

针梳

可刮掉脱落的死毛，解开毛结（轻握梳柄，轻轻地刮）。

4 注意耳部和脖子下面的毛，去除打结。

从前腿开始用针梳把毛撤起，刷下面的毛。顺腿向上刷，一直到胸部。

2 然后是臀部，再顺着背部和颈部梳理。

倒着梳好看点。

7 最后是尾部

6 刷后腿的毛，同前腿一样。

5 使小哈侧卧，梳理腋下的毛。

3 梳理腹部时可让小哈仰卧。

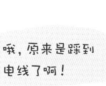

小哈，来玩吧。

啪啪

快走开，别碰我。

静电好烦人！
小哈都不理我了
老以为我在吓它。

书上说多梳几次毛就
可以建立良好的感情。

来，我帮你
梳梳毛吧！

白痴！快走开！
没看见你脚下的
电线吗？你想被
电不要拉上我！

哈喽，大家好！
我是小博士，

大家好！

那人看着好眼熟。

这是我的
助手小板板。

汪！

现在我就静电
问题探讨以上
方案。

采用高营养、
有滋润作用
的洗毛液。

洗浴后要使用
护发素，会让
毛发柔顺。

每次梳毛
前，喷上
抗静电液。

使用防静电
效果的梳子
做日常护理。

哈士奇是双层毛犬类，外层毛的尖顶叫做银
尖（SILVER TIPS），是用来抵抗紫外线和炽
热阳光发出的热力。其底毛绒密，会分泌出一种
油分，形成防热层（INSULATION）

所以说夏天切勿
剪短毛发，这样
会破坏其自身抗
热能力，会使狗
易患上皮肤癌。

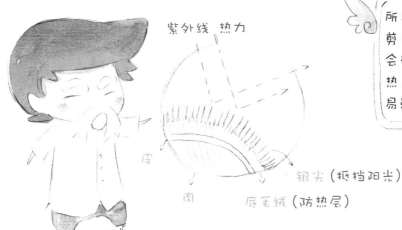

紫外线　热力

皮

肉

银尖（抵挡阳光）

底毛绒（防热层）

日常清洁

好可爱！
来亲一个！

少来占
本王便宜！

警告过你了，
你就是不听！

好臭啊！

口臭又不是我一只狗的错！
还不是被你们养成这样的。

以后你每1～2周就
要刷牙，还要多吃胡萝
卜，可以刮掉一些牙垢。

上次害得我差点休克。

让我看看还有哪里没有洗干净的，耳朵吗？果然很脏！

又想占便宜，找死啊！

滴耳油

耳朵清洁剂

棉棒

耳粉

不能用你们，会发炎的。

哦！

酒精和水

污垢

哈士奇的耳道呈L型，容易堵塞，适合微生物的繁殖，进而导致发炎。

先用有滴耳油的棉棒清理耳垢。

我只是在清理小哈的耳道啊！

让你跳进黄河都洗不清。

污垢

番茄酱

血！你对它干了什么？

71

嗯，这味道好熟悉啊！

你干什么？

呵呵，不是血，是番茄酱。

喂，宠物保护协会吗？我家有个变态虐狗狂！

对，手段极其残忍。

真的是番茄酱，不信你尝尝看嘛！

喂？我们马上就赶过来

救命啊！别过来！

赶紧的闪！

我就说是嘛，
接着洗耳朵吧。

真的是番茄酱，
突然好想吃薯条。

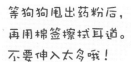

等狗狗甩出药粉后，
再用棉签擦拭耳道。
不要伸入太多哦！

滴入
耳朵清洁剂或耳粉。

按摩后放开头，
狗狗就会甩出。

最后用棉
布擦外耳。

呀，番茄酱！

不要甩！

我们是宠物
保护协会的。

果然很残暴，
怎么是两个？

是番茄酱！

小哈的爪子

我亲爱的弟弟，近来可好？

剑齿虎！

受死吧！

你小子还嫩呢！

什么时候才能学乖啊！

ON！

哎，踩脚都没醒，
还在做梦啊！

哈哈，我已经被改造了，
现在他们叫我"金刚狼"！

你小子不长记性啊！

金刚烈爪

啊！

哎呀！

香克斯！

哈哈，
叫我金刚狼。

啊！正是在下！

是小哈干的吗？

看来要
剪指甲了。

哎，
剑齿虎！

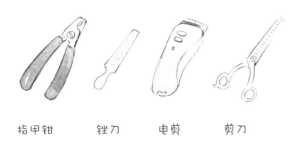

指甲钳　　锉刀　　电剪　　剪刀

剪指甲
所需工具

小哈指甲呈半透明状
内有血管，注意避开。

剪个指甲
又不是上刑。

将脚底毛剪成
与脚底平行长短。

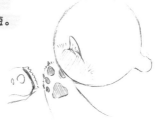

如果不小心剪到血管，
用少许止血粉，按
压指甲创口表面
3到5秒。

再用锉刀将指甲
修成圆弧形。

仔细确认指甲
剪下的部位。

平常经常做户
外活动的小哈
可以不用修理
指甲。

77

病毒入侵

窝咳

季节更迭的时候，气温变化大，此时是犬窝咳高发期。犬窝咳即犬传染性气管支气管炎是由多种病原引起的犬传染性呼吸器官疾病，可以侵害任何年龄的狗狗。此病的病程为一周以上，少数病例长达数月之久。大多数狗狗可随着机体抵抗力的提高而逐渐康复，少数狗狗会因为治疗不及时而引发支气管肺炎。

发病初期：干咳。

吐

但精神不错。

几天后：疼痛性咳嗽、体温升高，食欲不振。

没食欲、流脓行鼻涕。

犬窝咳的治疗需要控制咳嗽等症状，另一方面要杀灭病原体。由于犬窝咳往往由多种因素致病菌诱发咽喉炎症，一般的药物很难达到这个部位，大多数抗生素不能起到立竿见影的治疗效果。一些犬主人因此使用大剂量的抗生素。长时间大剂量的抗生素会破坏犬机体的免疫屏障，给别的病毒入侵造成机会。

不要用大量抗生素哦！

现在我们接管这里。

太好了，那我们就度假去了。

抗生素

本身抗体

病毒

逃啊！

78 兄弟们，冲啊！机会来了，免疫保障没了！

细小病毒

细小病毒是犬的一种急性传染病。临床上病犬多以出血性肠或非化脓性肌炎为其主要特征。有时其感染率可达 100%，致死亡率为 10%～50%。病犬是本病的主要传染源，病犬的粪、尿、呕吐物和唾液中含毒量最高。病犬不断向外排毒而感染其他健康犬。康复犬粪便中长期带毒。因此，犬群中一旦发病，极难彻底清除。本病主要通过直接或间接接触而感染。

好痛！   好难受啊！

传染源：

传染途径：

你好   你好   啊～噗～   吓！

直接   间接

犬细小病毒对外界因素的抵抗力较强。

细小病菌能在 60℃ 环境存活 1 小时

60℃

我要坚强地活下来

在粪便和固体污染物上的病毒可存活数月至数年

我要在这长住了！

好怕怕！

在低温环境中，其感染性可长期保持……

我是不怕冷的！

-60℃

要多多消毒哦！

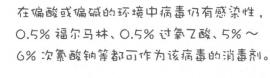

在偏酸或偏碱的环境中病毒仍有感染性，0.5% 福尔马林、0.5% 过氧乙酸、5%～6% 次氯酸钠等都可作为该病毒的消毒剂。

哈士奇犬瘟热主要危害幼犬。其病原体是犬瘟热病毒。病犬以呈现双相热型、鼻炎、严重的消化道障碍和呼吸道炎症等为特征。病的后期常出现神经症状。病犬的各种分泌物、排泄物（鼻液、唾液、泪液、心包液、胸水、腹水及尿液）以及血液、脑脊髓液、淋巴结、肝、脾、脊髓等脏器都含有大量病毒，并可随呼吸道分泌物及尿液向外界排毒。健康犬与病犬直接接触或通过污染的空气或食物而经呼吸道或消化道感染。

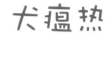

犬瘟热

哈哈哈，
我来了～～～

别……别过来！

离我远点，我
全身都是病毒。

大哥！

临床特征体温呈双相热型：

病初体温升高达 40℃左右，持续 1 天～2 天后降至正常，
经 2 天～3 天后，体温再次升高。

耶，不发烧了！

呼吸好难受！

体温再次升高后，持续时间不定，可见有流泪、眼结膜发红、眼分泌物
由液状变成黏脓性。鼻镜发干，有鼻液流出，开始是浆液性鼻液，后变成
脓性鼻液。病初有干咳，后转为湿咳，呼吸困难。出现呕吐、腹泻、肠套叠，
最终以严重脱水和衰弱死亡。

步态不稳。

脚不自然发抖。

由于犬瘟热病毒侵害中枢神经系统的部位不同，症状有所差异。病毒损伤于
脑部，表现为癫痫、转圈、站立姿势异常、步态不稳、共济失调、咀嚼肌及四
肢出现阵发性抽搐等其他神经症状，此种神经性犬瘟预后多为不良。

该病在幼犬时死亡率很高，死亡率可达 80～90%，并可继发
肺炎、肠炎、肠套叠等症状。

检查一下

因此，单凭上述症状只可作出初步诊断，最后确
诊还须采取病料（眼结膜、胃、肺、气管及大脑、
血清）送往检验单位，做病毒分离、中和试验等
特异性检查……

心丝虫

犬心丝虫是一种由蚊子叮咬传播的疾病。蚊子叮咬狗狗后吸入幼丝虫，经过10天~48天后就进入具有感染力的阶段。这时被蚊子叮咬后的狗狗就感染了心丝虫。有些人以为哈士奇这样皮毛比较厚的狗狗不会被蚊子咬，其实是错误的。蚊子可以叮咬哈士奇的肚子及眼睛周围，从而造成同样的隐患。心丝虫的幼虫进入狗的体内会逐渐长成成虫，寄生在心脏右心室及肺动脉，造成心脏及肺部的病变，成为一颗不定时炸弹。

蚊子！

心丝虫成虫后寄生在心脏右心室及肺动脉。

感染初期：有的狗狗没有症状，有的会有精神不佳、食欲不振、咳嗽。到了末期会有腹水、四肢水肿、血尿、血便、吐血、呼吸困难、心肺衰竭的情形发生。

哎！生活压力好大！　　今天又没有胃口。　　火气大都尿血了。

吐血了，肺痨病？

一跑步心脏就疼。

有的狗狗也会在运动之后或天气变化的时候突然暴毙。一般说来，老狗及肝、肾、心、肺功能不好者危险性较高，而年轻犬症状轻微者危险性则较低。

这些地区狗狗的主人一定要做好防蚊工作。

心丝虫在湿热的南方更容易发生，提醒主人一定记得帮助狗狗防蚊虫，定期使用专用药物进行预防。

三、小哈上学记

不试试你怎么知道偶这么优秀呢？选择我就相信我。

小哈要上学

外面好舒服！

啊！空气清新。

小哈呢？

啊！刚才还在的。

蝴蝶你好！

小哈的精神不集中
是出了名的。

小哈！
小哈！

回来，
小哈在哪里？

来，交个朋友！

你好！我叫金刚狼。

幸会！幸会！

小哈

小金

我主人叫我了。

说到主人，我好像忘了什么。

我来了！

别走啊，把你主人也介绍给我嘛！

小哈回来！

小哈你在哪里，回来啊！

啊，小哈它爸啊，好久不见！

哦，有没有看见我家小哈啊？

你们认识很久嘛！

呵呵，它在吃小金的零食呢，我想是饿坏了。

别吵了，我在吃饭。

小哈，你主人来了。

小哈，你吓死我了！

哪有啊！也是随便养养。

小哈看起来好强壮呢！

我还没吃完呢。

好可怕！

聊得很开心啊！

别误会！

没事，来，小金和小哈拜拜。

拜拜。

真是抱歉，劳烦你了。

咳！咳！

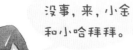

平时训练就可以了。

它，它会招手。

招手哎，拜拜哎。

大家好，我是杜教练。我的座右铭是"没有坏狗狗，只有懒主人"。总之爱它就教育它。

狗狗见生人就吠叫不止。

不理睬你！

随处大小便。

不让人碰食物。

甚至咬人。

只要有上述情况之一，你就该带狗狗来我这了！

累死我了，怎么只有我一只狗狗在演啊！

或许我们不需要自己的狗狗像工作犬一样精干。

但我们肯定希望它成为一只完全适合家庭的狗狗，就像乖孩子一样。

我们的口号是："服从！服从！绝对服从！"

嘿，服从！

服从！

把小哈送
去训练吧！

才不要，我可
以训练小哈。

那么从今天
我们就开始。

"魔鬼训练"！

不过小哈可
能已经过了
"黄金时期"。

带个潜水镜。

"黄金时期"就是在幼犬
4～6个月的黄金期，这时间
它们的食欲旺盛、好奇心强，
适应能力快。快来加入啊！

还真会打广告。

空气好清新哦，
户外就是好。

今天的天空
也很美啊！

小哈又跑到我
这了，怕你们
担心就带来了。

我们又大意了，
谢谢！

要您亲自送来，
怪不好意思的。

也只是平常
玩玩而已。

怎么训练的啊？

你家小金
怎么那么乖？

好有缘啊，上
次的是你吗？

蝴蝶别走！
谁啊？让开！

哎呀！

哦，原来是
小金啊！

疼啊！

我顺便问下，
你为啥这么
听你主人啊？

哦，我照她的意思
做就有好吃的。

巴巴、麻麻、
我们赶紧训练吧！

这家伙变
得真快。

93

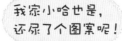
不见了，
又去哪了？

我家小金小时候
尿床很厉害呢！

我家小哈也是，
还尿了个图案呢！

你怎么知道
我们在说你啊！
今天好乖啊！

哎，人呢？自己
一个人去玩了！

我也会招手。

小哈妈，
啊，不见了，都
不见了！

我去，
没肉吃啊！

不好意思！

就你们这样子
也想训练狗狗！

带小哈出来
就要专心点。

嗯，我也
才刚来。

亲爱的，
我来晚了
不好意思。

那我们的小哈
就有救了，
希望学费方面……

哎呀，您就是
杜教练啊，
久仰久仰！

哪里！哪里！

呵呵，他就
是我男朋友。

来啊，压下去
发配边疆充军。

大……大大……大人
冤枉啊，大人！

老子就是狗，不
只我是，你也是！

你个狗官！狗官！

求之不得，
来吧！

那我们就用狗
的方式来解决吧！

基本行为训练

疼啊，被打败了，
迫不得已要来当兵！

小哈快醒醒，
快醒醒啊！

幸好是做梦。
我还以为真
的被充军了。

白日梦啊！

他好会睡啊！

小哈快醒醒！

立正！

妈呀！那不是梦境，
我真的要当兵了，
怎么现实比梦境还残酷！

我们学习给狗上链子。
先把狗狗唤来。

上链子的同时，
给狗狗奖励。

让它将幸福地吃东西
和上链子联系起来。

再收紧链子并给它
奖励，让它再一次觉
得上链子很幸福。

哎呀，他可是我
未来的巴巴啊！

怎么能乱吃
别人给的东西！

现在我们训练狗狗如何坐下。

将诱物放在狗狗上方，高到它够不着，坚决不给它吃。

你不说我还真忘了。

看他又勾引小贵了。

再将诱物向狗狗背后移动，狗狗就会自然地坐下，完成后及时奖励。

它吃了！　　完蛋了！

一定是食物有问题，要不然你怎么会这么听话，可能是精神类的药物。

快吐出来！

就不吐，很好吃，是牛肉干啊！

最后我们学习
如何趴下。

用诱物吸引狗狗
慢慢放低，示意它
趴下，可以用手慢
压它的后背。

快吐！

就不！

别吃啊！

趴下后就
快速奖励。

再不吐就
来不及了！

啊！吃
掉了！

就不！

就不！

吐出来！

动作快！

终于不来
烦我了。

你给我吐出来。

出来了，就是这个。

牛肉干？

我吃完了是牛肉干。

嗯，怎么了？

我去！

尝尝看是不是。

你白痴啊！

呕！

你怎么也吃了快吐掉啊！

哦！真的是呢！

以后别说我认识你。

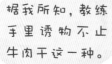
据我所知，教练手里诱物不止牛肉干这一种。

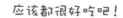
应该都很好吃吧！

应该还有猪肝和瘦肉条。

哇！
想想就……

不过只给花生米那么点。

这家伙变得真快。

杜老师，
快训练吧！

干吗呀！
发情了吗？

我们接下来
学习
"不扑人"。

方法 1

用双手推狗狗
胸口、肩部
同时说口令
"ON""不"。

方法 2

用膝盖轻顶狗狗腹部，
双手轻推肩部同样说
"ON""不"。

现在我们
真人示范。

小哈来！

我来也！！

快把食物交出来！
我要吃个够！

冲击力太大了
你想杀了我吗？

这个训练
是不奖励的。

骗子!
说好的肉呢!

刚才呢有点小
意外, 不要紧。
我们接下来学
习"握手"。

先让狗狗坐下,
给它奖励。

他偏心,
都给它吃。

一次一颗
正常啊。

等待狗狗主动把
爪子放上来就立
刻再给奖励, 再
多次重复就行了。

看, 又给
它吃了。

他太过分了
我也只吃一颗的。

慢慢靠近。

刚刚吃了两个。
好吃啊，开心！

救命啊！

绑票了！

快说你拿什么
东西买通了教练，
让他给你多吃的！

我冤枉啊！

好臭啊！
好想吐。

今天我们进行
的是体能训练。

......

能不跑吗？

很累哎！

狂奔吧！
这才是青春！

我不跑！

肉！

肉！

肉！

你们太慢了，
下次要努力啊。

你为什么不追？

我不喜欢
吃鸡肉的。

给我鸡腿！

累死了。

106

想妈妈了

快让妈妈早些
来看我们吧。

神啊,
训练好辛苦。

看来我们的祈祷
在别人身上灵验了。

哎,还是要
靠自己啊!

来!小金
妈妈来了。

别过来!!
快把那衣服脱了,
你这恶心的变态。

小金，
我找到神灯了。

真的假的？
不会是水货吧！

嗯，
马上实现
你的愿望。

果然是个水货，
还是个小屁孩嘛！

我要我们
的妈妈。

不好意思，今天就
这样吧，我还要赶
回去吃晚饭，再见。

．．．．．

．．．．．

小金，这回有戏了，
我集齐七颗龙珠了。

你少来！肯定
又是水货。

不用看就知道
是水货，果然
还是个蛋蛋。

神龙啊，神龙
把一切恢复吧！

谢谢！
再见！

你就不能许
"要个正常妈妈"！
你个白痴！

一起玩飞碟

我之前只是奖励，现在我要讲讲如何"惩罚"。

吓！

吓！

方法1
抓住它脖子上的软肉或项圈，注视着它的眼睛，同时坚定地说"不"或"ON"

方法2
就是关禁闭，切勿打骂狗狗。

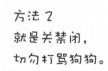

你怎么能这样！

我错了！错了！

我们接下来做"等待"训练。先让狗狗坐下，用诱物吸引它的注意力。

不要拿食物诱惑我，我现在的困意早已战胜了食欲。

接着绕它走一圈如果这时它改变姿势就从头再来。如果这时它乖乖听话，就发出"等着"的口令。

还是先睡一觉吧！

解除坐姿后重复等待的动作。过程中要充分表扬和奖励。

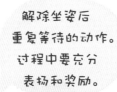

睡觉也有奖励！

抗议！

抗议！

助手甲

按命令吠叫训练。
先让狗狗接近带有
恐吓性的"陌生人"
发出叫的口令，
同时做上升手势。

汪！汪！

等到你把手中的食物送
到它嘴边的时候才停止。
再脱离助手训练，让它
知道你抬手是"叫"，
把手放下就是"停"。

预备，叫！

哦~ 汪~ 汪~ 喔~

很久很久以前，有个猎人，
他箭法如神，百发百中。

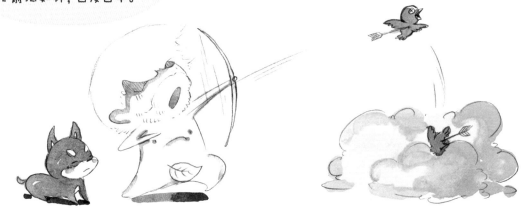

但是猎物老是
掉在灌木丛中，
为此他很懊恼，
因为他捡不出
来猎物。

这时他身边的猎犬
为他找出了猎物。

从此，那条猎犬
就专门为猎人捡
回猎物。

如今，人们已
不再打猎为生。

但人们不愿意让狗狗
那惊为天人的才能没落，
从而发明了"飞碟"。

什么啊？　　玩具啊！

这只杜宾叫小杜，
是你们的学长，
今后就由它示范。

你们两个必须"留级"
其他狗狗都毕业了，
日后要努力学习。

大家好！

留级是什么？
好吃吗？

是回不了
家的意思！

是这样的吗？
我想死的心
都有了。

不要这么没出息
好好学还是回得去的。

小杜来
示范一个。

下面我们先图解一下
抛飞碟的整个过程。

首先引起狗狗的兴趣，
在狗狗咬住飞碟时
发出"咬"的口令，
适时奖励，反复练习。

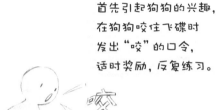

再待狗狗吐出飞碟时
发出"吐"的口令，
适时奖励，反复练习。

将距离渐渐拉长，
最后达到抛的效果。

抛出后，唤回咬
着飞碟的狗狗，
发出"吐"的口令。

整套动作完成后
给予奖励，再反复
练习，加深印象。

其实每个训练过程
并非一帆风顺。

要是狗狗对飞碟不
感兴趣，也可以先用
它喜欢的玩具代替。

我对生活绝望
了，你少来烦我。

听说这是他
最喜欢的飞碟。

狗狗会叼着飞碟不放。

快合力咬碎它。

狗狗会叼着飞碟瞎跑。

跑啊！

快跑，来了！

给我回来！

狗狗只会从地上捡
起，不会从空中接。

等掉到
地上再捡。

哎，又来一个！

我就是
想试一下。

狗狗会反应极慢。

都叫你别接，
你反应太慢。

小哈的味蕾比人类少，对食物的概念模糊。

在这边，顺便把垃圾也带出去丢了。

给我便当。

它们分辨不出什么才是真正的食物。

那叫占地盘，我只拿便当。

都几岁了还要尿床。

在它们眼里，食物和臭垃圾没什么分别。

小哈，那是垃圾，不能吃的。

啊！便当没拿，垃圾不见了！

呵呵，原来拿错了啊。

没事，没事，都是一样的。

因此作为主人的我们就要好好地为狗狗"把关"。

哎，你说得也太夸张了吧，难道连屎和食物都分不清吗？

脸好痛。

快看！这里有食物。

哈，我喜欢。

嗯嗯。

那明显就是"屎"，白痴！

你们少装蒜了！屎和巧克力都吃不得。

呀，巧克力味的屎。

这就是巧克力啊！

胡说，明明是屎味的巧克力。

易拉罐

哎呀，踩到易拉罐了。

太过分了！

你太欺负狗了！

嘴上说的好听，自己反而吃了。

真的是巧克力吗？

教练你怎么可以偷吃我做的"屎形巧克力"！

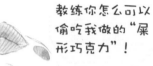

巧克力对它们来说可是"毒药"啊，快让它们吐出来。

它们也吃了我的"屎形巧克力"。

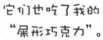

为了防止狗狗偷吃、乱吃的习惯，我们有必要对它们进行服从训练。

带上牵引绳，在家四处转转，如果狗狗接近食物就拉紧牵引绳，并发出"ON"或"不"的口令。

这是巧克力，你们吃了会中毒的。

算了小哈，他也好那口，你别想了。

放屁。那明明是屎。

放开我！

还给你，不要再做这么恶心的巧克力了。

我没有再做了呀这，这该不会是……

妈呀！是真屎啊！恶心死了！

噢，灰机！

不对，是大便。

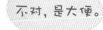

我们的最后一课，
如何改掉小哈咬
你手指的坏习惯。

他手上还有
一点，别浪费。

快松口，
太失礼了。

①
可以用玩具转
移它注意力。

②
不理睬它，让
它感到无趣。

③
大嚷、大叫，
会吓到它。

④
不可用手推它，
它反而会以为
你在和它玩耍。

别动

如果它坚持咬你手指
你要及时用坚决的语
气对它说"别动"
或"NO"，它要是停
止咬了，就可奖励。

好可怕！

看的我好压抑！

我们毕业了

你刚才也听见了吧，刚刚是最后一节课，之后我们就要各奔东西了，也许就再也见不到了。

小哈仔，
怎么了？

真的吗？我看你
很顺眼呢，兄弟！

小杜，虽然我们相处
时间不长，但我很喜
欢你的性格。

突然间气氛
被搞成这样。

明明之前走的
都是搞笑路线！

我不看。一看就
伤心的不行！

之前猥琐的背影，
如今却变得如此
可爱。

其实最放不
下的是教练。

我没哭，
只是，在切洋葱。

你不会
那么冷血。

别再装了，连
我都看出来了。

小哈，你！

我把你的钱夹
咬了，来教训我
啊，你个无情种。

· · ·

· · · · · ·

怎么可以
这么感人！

我怎么会教训
你呢傻瓜！你非要
用这种方式吗？

此乃情深
意切啊！

那可是我一个
月的生活费啊。

126

难为你了
亲爱的。

这段时间真
是麻烦你了！

呵呵！哪里哪里！

客套话说的
好听，在你们
眼里只有狗狗。

真是想死我了。

早就想来看你了
可是教练就是不让！

什么！

我也是为了你
们能专心训练啊！

原来是你不
让妈妈来的！

你就是可恶！

就不!

给我站住!

少废话,咬他!

看上去它们关系很不错呢!

是这样吗?

嘿嘿,现在我可以宣布你们毕业了。呜呼!

我要咬你!

别跑!

四、家有小哈初长成

爱偶就一直牵着偶的手，

永远都别放开，

可偶的永远不过是十几年……

躁动的青春期

小时候身边有
一群小弟弟们。

前不久又有
一帮好兄弟。

现在，只剩下一堆
死气沉沉的玩具。

我可是个群居
动物啊！可悲啊！

非要拉我一起去，
我很忙的好不好。

哦，出去玩了。

太好了！

哎，小哈怎么一
出门就到处闻啊！

嗯，就像我现在
在发微信一样吧！

开心啊！

好无聊！

好饿啊！

天气好！

一定是有母狗发情
了，要不然反应怎么
会这么大！

咦？小哈异常兴奋呢！

我发情了！

爸爸，俺要娶
个媳妇。

妈妈，妈妈，
给俺娶媳妇。

小哈最近有点浮躁，
看来要考虑给他做
"绝育"了。

恩，是要好
好考虑了。

什么！

大家好,好久不见!

一起来认识狗狗发情期的小知识吧!

正常的母犬每年发情两次,多在每年春季3～4月和秋季9～10月各发情一次。一般正常的哈士奇会在12月龄以后陆续发情。

如果你家的小母哈出现以下情况:

眼睛发亮,兴奋异常。

烦躁不安,活动增加。

吠声粗大。

呜!

贝贝,你今天是怎么了!要不要去医院?

屁屁流出了红色伴有血液的黏液,那就可以确定你的小母哈成大姑娘了,发情了。

大家都知道最佳交配期吗?

最佳交配期
准确来说是自出血开始数起的12～13天
开始出血后会渐渐停止,随之而来的是淡黄色液状白带,这就是最佳时期了。

133

公犬绝育有好处。

防睾丸癌。
一般是老年犬
的病症。

防良性前列腺肥大。
此病症会导致
大便排泄困难。

防肛门腺肿，
此病症会导致
炎症，出血，
排泄困难。

降低患糖尿病
的可能。

降低患乳腺癌
的风险。

烦躁的发情期
消失。

母犬绝育有好处。

减少不想要的怀孕次数。

这一次是要
还是不要啊！

不用考虑了，
我绝育了。

哎！

不会跑出去寻偶，
降低走失的可能。

还是待在麻麻
身边好。

我家老母患病多年，
家财散尽，我愿卖身救母。

真是孝顺啊。
正好我家主子
要些人手。

儿啊，你别走啊！

母亲，保重！

走吧，晚了就
进不了城了。

什么！

哎呀，我也是看这孩子
可怜，也是赶巧了！

哟，刘公公辛苦辛苦
带来的这位就是日后的
"小公公"吧，幸会幸会！

不要啊！我还没娶过媳妇儿呢！

乖啊！我的刀法很快，不会太疼的！

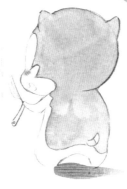

老婆，小哈好像最近老做梦啊！

喂，是云儿吗？好久不见！

不要啊！不要啊！

原来是在担心自己的命根啊！

啊，你现在要过来啊，太好了。嗯，那待会儿见。

哎！还在。太好了！

我想有个女朋友

老公，我去接同学了，你把家里收拾一下。

你放开那只大黄鸭，你这淫乱的家伙。

呵呵，是这样吗？

呃！像是哪见过呢？

是吗，我老公是大众脸呢！

是你家的哈士奇吗？

呀，我的贝贝呢？

你也有狗狗？

小姐，婚否？

哪的话，人家还是小姑娘呢！

找到就好。

呀，贝贝你在这里啊！

我回来了！

哦，我家的就叫
小哈，在睡觉呢！

其实我突然来你家，
是想寻"亲家"的，
你家不是有只公哈吗？

哎！我家小哈
怎么这么没出息！

我要有所房子！

呵呵
是吗？

这就是
我家小哈。

哦，好可爱，
像是见过。

我去！
果然母哈要
比我凶残。

你就是刚刚调戏我
的痞子吧！臭小子
你活腻歪了吧！

遇见美好的贝贝

我家小贝发情了，
带她是来配种的。

这么一来，我家小哈
就不用绝育了。

变态！

小妞，
么么哒！

配种是啥
意思啊？

就是结婚啊，
你坏坏！

哦，结婚啊！
是不是很好吃啊！

你大爷的！
老娘不玩了，
你自己玩吧！

小哈恭喜啊！
你可以娶媳妇了。

什么？
难道？

就是贝贝，
你们刚见过。

小哈大兴奋了，
都浑身发抖。

她正好在
发情期，

贝贝要在我们这
住一段时间。
你们就要结婚了。

结婚就是
娶媳妇！

天呐！
我怎么这么傻！
为什么不先闻闻
她的屁股！

小哈，回来！
你干吗去啊！

贝贝，不要走
我知道错了。

贝贝，我错了。
我知道结婚的意思了！

你不要
不理我！

你是
什么怪物！！

小哥，你怎么知道
我叫贝贝啊？

要赶快啊！

哦，路上
小心啊！

小哈突然跑
出去了。我去
把它追回来。

哎，回来了，
这还是头回呢。
奇迹啊！

快关门！
后面有妖怪！

小哥！
别跑啊！

别过来，再过来
我可就不客气了！

不是啊！贝贝
后面有妖怪！

小哥，别害羞！

哇！

防狼第一式
"过肩摔"。

我的妈啊！

我刚才听说
有狗要抢我男狗？

一切都是误会，
我家还有事，
先回去了。

和贝贝走进婚姻殿堂

3月14日，白色情人节。小哈和贝贝举行了它们一生中的第一场婚礼。

那么你们愿意结为夫妻吗？

我愿意！

那么，据狗狗的礼节，新郎可以吻新娘屁股了。

等等！神父！婚礼是这么简单的吗？

神父，这不太文明吧！

我们
合个影吧！

别哭啊，你一哭
我也会哭的。

我可是第一次嫁"女儿"，
我自己都还没嫁呢！

来，番茄酱！

哦，耶！

女人啊，
变脸是超光速！

不要太
难过！

我一把屎一把尿的把
它养大。转眼间……

老公。我最近有点感觉了，你帮我把尿拿去验验，可能是怀上了。

啊？用冰红茶的瓶子装尿啊。我刚买了一瓶，很容易搞错的。

护士小姐，帮我验一验，我老婆的。

在边上等着吧。

什么！！

先生，报告出来了，验出来是：叶酸、维生素K、核黄素、尼克酸，也就是说，刚才的是冰红茶。

这杯没有错了，
麻烦再验一次。
不然回去没法交代。

没法子了。

老婆老婆，报告出来了
我们要做爸爸妈妈了。

嗯～嗯～

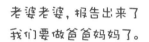

不用说我也知道，
我饭量增加了不少呢！

啊！也太
夸张点了吧！

贝贝最近食量增加，体重上升，胸部也变大了，八成是怀上了。

啊，那我们要做爷爷奶奶了。

辛苦，多吃点，吃完了带你出去玩。

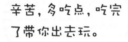

喂，云儿啊，你要做外婆了。

你小子又犯糊涂了，怀孕1～30天的母犬要避免剧烈运动。

不运动又喂这么多，这是在催肥吗！太胖了会难产的！

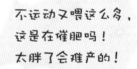

老婆你又要
尿尿了，要不要
检查一下。

白痴，对于怀孕
30 天的我来说，
尿频是正常的。

怎么最近老是
要出来尿尿啊！

平时早晚各一次，
这下多了一两次。

你看着我，
尿不出来。

现在 30 天了，要适当增加
营养。因为胎儿开始快速
生长了，不像之前长得比较
慢。但还是不能吃太多，胎
儿会长得太快，到时候就难
产了，另外要多带它出去活
动，增强体质。

不是不能吃太多吗？
你还不是偷偷给她吃！

亲爱的，我不跑，
好累啊！

现在你都50天了。
你要有一定的运动量，
要是跑不动，散步也行。

不是啊，老婆。
现在不能过量啊，
吃多了就是害你！

怎么只给我加了
20%～50%的食物啊！
你是想饿死我！

不知道我现在
吃的是双份啊！

快停下！
那是幻觉。

鸡腿！鸡腿！
不要跑！

如何选择
狗妈妈的食物。

要新鲜！ 无污染！

无病毒。

食物温度在
37度较为适宜。

温度过低
会刺激胃肠道
并引起流产。

温度过高，
母犬会拒食。

啥
麻麻

钙 锌 维生素D

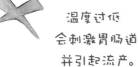

尽量喂母犬专用粮，
幼犬粮也可以，这些
食物能量相对较高。

如果喂的是妊娠
犬专用粮就不能再
另外补充钙、锌、
维生素D，否则就
易造成仔犬畸形。

两周后贝贝就要到预产期了，得提前准备准备了。

不是十月怀胎吗，现在才两个月不到。

好了，这就是温暖的产房了，接下来你就要一直在这里睡觉了。

浴巾两条

棉垫一个

浅而宽大的厚纸箱

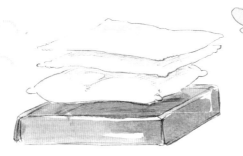

产房要远离大门和出入口。应该设置在家中最安静的地方。夏天要尽可能通风、防蚊，冬天要做好保暖。

老婆,你怀孕63天了,快生了吧?

是吗。我肚子没什么感觉啊!

老婆,这是你最喜欢的猪蹄饭。

不要,我没什么胃口。

突然没有食欲,烦躁不安、扯被子、两眼发红。

啊!我好烦躁啊!

老婆你这是要生产了啊!

幸福的大家庭

没时间了。
快先消毒吧。

本来以为会在傍晚生产，没想到是凌晨。

特别是臀部、腹部和乳房周围。

新洁尔灭

0.1%

用 0.1% 的新洁尔灭对产房及母犬进行消毒。

准备好接生用的工具。

剪刀

灭菌纱布

灭菌细线绳

消毒
药品

药棉

酒精 70%　来苏儿 0.5%　碘酒 5%

酒精　　来苏儿　　碘酒

下面我们详细了
解一下临产前的征兆。

当体温开始回升时，
将要分娩了。

临产前两天
体温会下降。

分娩前两周：
乳房变大。

分娩前两天：
能挤出少量乳汁。

分娩前一天：
食欲大减、行为急躁、
常用爪子抓地。

分娩前3～10小时：

排尿次数增多，
呼吸急促。

张口尖叫或呻吟。

开始阵痛。

嗷呜

分娩时母犬侧卧、回顾腹部、
呻吟、呼吸加快、伸长后腿、
有稀薄液体流出。

分娩过程3～4小时，
每隔10～30分钟
产下一仔。

通常情况下，
母犬会自主处理一切，
无需人为参与。

产出第一个包有胎膜
的幼仔，母犬会迅速
撕破胎膜舔干胎儿身
上的黏液。

一般第一胎顺产，
接下来的胎儿就
没有什么问题了。

老婆辛苦了
哎！你在吃什么？

嘴里的是什么？
看上去像是你
身体里的东西。

哦，
是胎盘啊。

母犬吃胎盘是正常现象，胎盘有催乳作用，但吃2～3个就可以了，多吃了会导致消化不良。

分娩后将母犬外阴部、尾部、乳房等部位洗净、擦干,更换褥垫,注意保温。

此后几周内不要给母犬洗澡,不然会因刺激导致母犬停乳症。

好可爱,和小哈小时候一样呢!

让它保持8~24小时的静养。

小声点,让它好好休息。

嗯,明白。

小哈,你,我们,那个,你,但我们那个你,你是我所见过的最帅的狗爸爸。那个,你懂我意思的哈!

男人间的对话好深奥啊!

母犬产后一般不进食，
可以先喂些葡萄糖水。

我知道你现在没
胃口，先喝点葡萄
糖水，补充体力。

5～6小时后补充一些
煮熟的鸡蛋和泡软的狗粮。

也可煮一些
肉粥，注意
少食多餐。

24小时后，正式喂食，
最好喂一些适口性好，
容易消化的食物。

温度刚刚好，
快趁热吃。

婆婆你让我
想起了妈妈。

老公，
小仔仔们太会喝了，
都快没奶水了。

嗯，我知道了。

我明白，没奶水了吧？
我早就准备好补汤了。

我老婆快没奶水了，
你快给它补补。

猪肺汤

鱼汤

猪蹄汤

新生犬排泄引导

你要刺激新生犬排泄
必须用舌头舔它臀部。

才不要，
太恶心了。

嘻嘻，在每只新生犬
的肛门附近涂上奶油，
这样母犬就会去舔了。

怎么会是
你在舔。

我老婆她
叫我舔的。

为了唤醒母犬的母性，
今晚我就要"夜袭"。

啊！我是专门吃
小犬的大妖怪！
快把你的小犬
保护起来吧！

什么事呀？

完全被无视了！

没事我就
接着睡了。

真可怜啊，
都掉地上了，
你妈妈都不管的。

嗷呜

怎么一下感觉杀气腾腾的。

嗷呜！

哎哟！误会呀！
我可是主人啊！

哎呀，客气了。都是老同学了。不用！

真是太谢谢你了，这段时间麻烦你照顾贝贝，这是一点谢礼，请收下。

快去看看小哈们，还得帮它们取名字呢！

哎哟，都好可爱。它们是谁大谁小啊！

从我这边起依次是老大、老二、老三、老四、老五。

好吧！就用你刚刚叫的那些名字吧，好记点。

真是不错的名字。

是不错呢，好名字啊！

织女，不要走，
啊……

狗郎，快去找喜鹊，
它们可以帮忙。

喜鹊，喜鹊，帮帮我吧，
求求你们了！

老大，它想从我
们身上踩过去。

不可以。

啊！为什么？

你才是头大！到底
要不要帮我！

呀！嚣张啊小子，
老大，要不要叫
兄弟们来啄他！

因为你头大！

信不信我
打你。

五、当小哈慢慢变老

感谢这十多年你对偶不离不弃，
偶能遇到你是我这一生最大的幸福……

我怎么老了？

看来贝贝和小狗狗们走了后它很伤心呢！

是啊，平时都会嗷嗷叫的～～

哎哟，
空悲切，
白了少年头。

平时许愿都不灵，
这次是怎么了！
还有天理吗！
再说我也没有
要许愿的意思啊！

你好，你刚才许愿成功，你现在是老年犬了。

169

呵呵，真是
健壮啊！

呀！我家小哈
今天真精神啊。

我，我现在
是不是很老？

真是老当益壮啊！

什么啊，我们小哈
还是个小伙子呢！

小伙子，那么说我
没有变老，太好了。

带它去医院
检查检查吧。

照理说小哈都10岁了
怎么这么精神啊，
是不是回光返照！

10岁了！
怎么回事！
我穿越了吗？

嗯，现在看来一切正常。

医生，我是不是有妄想症。

是吗，那就好。

哦，那真是太感谢了。

不过你家狗狗上了年纪了，要好好护理啊！我这有本医书，你拿回去看看。

拿错了，不好意思！别误会。

葵花宝典

医师说小哈
的体质还是
很健康的。

那是当然！

那我就
安心了。

我可是气
拔山河，
惊涛骇浪
的体格。

哎呀，腰闪了！

我才不是因为老了，
刚才是个意外，意外！

辛苦了，大老远的
从童话森林里赶来。

你好！
我是啄木鸟
医生。

哎哟！
疼！疼！

嗯，只是伤了点筋骨，
贴张"狗皮膏药"就
可以了。没事。

问一下！你的
"狗皮膏药"
里面的狗皮
是真皮的吗？

那个……

我带小哈
出去走走。

小心点，
不要着凉啊。

不是说你，
我是担心
小哈！

不会，我带
了围巾。

出去玩，
好啊！

好怀念啊！
我们年轻时候
无休止的狂奔呢！

这都是
什么话！

回来！
小哈！

我们都没老！
都怪那颗流星！

我现在照样可以
狂奔！和之前没
什么区别，我们
都年轻着呢！

老年生活应急处理

这我就放心了，没事就好。

我检查了一下，小哈除了一点皮外伤，其他没什么事。

我就说小事嘛！

这是狗狗意外事故的处理方法，你回去看看。

不用，不用。该不会又是……

这不是上次的那本！上次的也只是本恶作剧本子！

哎呀，真是急救手册。不好意思！

175

哦，上面有好多的急救说明啊！

什么啊，给我看看。

中 暑

狗狗在气温高、湿度大的环境中，体热散发困难，非常容易中暑。

处理方法如下：

解开狗狗身上的物品，远离高温区，移至阴凉处。

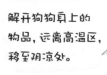
如狗清醒可给适量饮水，切勿强灌。

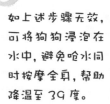
如上述步骤无效，可将狗狗浸泡在水中，避免呛水同时按摩全身，帮助降温至39度。

降温后迅速用大毛巾将其擦干，以免体温下降过快。切勿使用吹风机。

骨 折

哈士奇是容易发生骨折的犬种之一。

哎呀！

发生骨折时，骨折部位变形，出现肿胀，伴有疼痛。

四肢发生骨折时，病犬会抬着腿走，不愿被人接触。

扶住狗狗，用纱布包裹。如出血，用纱布或毛巾压住伤口止血。

垫上夹板。通过固定使骨折部位保持不动，然后送往医院。

应急处理仅限于腿下部及尾部的骨折。如怀疑其他部位骨折时不要进行家庭处理，应送宠物医院。如发生骨折并伴有剧痛，来不及做家庭处理时，应只做止血处理，然后送宠物医院。

大出血

大出血对狗狗是极其危险的！

身体部位出血： 需扒开毛进行观察，擦净伤口并剪掉周围的毛。用纱布止血，用绷带包扎。

脚趾出血： 用绷带紧紧包扎即可。

耳朵出血： 用纱布按压止血。耳部出血量通常较多，应冷静地进行处理。

窒息

在哈士奇小的时候，特别容易因为吃了什么东西而造成梗塞，严重时窒息会缺氧死亡。

当看到狗狗使劲伸脖子，不停地用前爪抓嘴和脖子时，就有可能是梗塞了。

可以轻拍它的背，帮助它吐出来。

如果无效，就应赶快送往医院。

应急药箱

这是专门给小哈准备的应急药箱。

啊，都是些什么东西啊？

酒精　碘酒

硼酸软膏

注：清洁耳部。

体温表

注：兽医专用极佳。

剪刀　指甲刀

纱布　棉签

带子

注：套紧嘴巴时使用。

绷带

创可贴

毛巾、浴巾

狂犬病

我们要特别注意一下狂犬病。

狂犬病又称病狗病、恐水症，是由狂犬病病毒引起的一种人和温血动物都能被感染的直接接触性传染病。潜伏期一般为15天，多则数月或一年以上，和感染的毒力和部位有关。

前驱期
精神沉郁、怕光喜暗，反应迟钝、喜咬异物。

兴奋期
狂暴不安，主动攻击人和动物。

麻痹期
全身麻痹、起立困难，卧地不起、抽搐，最后呼吸麻痹致死。

用灭活或改良的活毒狂犬疫苗免疫可预防。

活苗
3～4月的狗狗首次免疫。

1岁时再次免疫。

然后每隔2～3年免疫一次。

灭活苗
3～4月龄狗狗首免后。

二免在首免后3～4周进行。

此后每年一次。

小哈彻底衰老的症状

2～5岁的犬
是壮年时期。

7岁开始
出现衰老。

10岁左右
停止生殖能力。

进入老年的哈士奇，
行动开始缓慢。

慢慢来。

睡眠时间变长、
食量减少。

起来吃饭了。

吃不了，
让我多睡会儿。

有的狗狗会出现
尿频、抽筋等问题。

一旦有牙齿脱落，
那么寿命就不长了。

掉牙了，完了！
我命不久矣！

我就多尿了几次，
怎么老抽筋了。

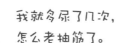

181

那我们都要注意些什么呢?

年纪大的小哈，一旦生病很可能是致命的。

散步时避免高温时段。

选择人少的地方，减少接触。

请专业人士定期查看狗狗。

多观察狗狗的精神状态及大便情况。

小哈现在不像
以前了，让它
好好睡吧。

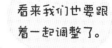
看来我们也要跟
着一起调整了。

又精神了呢！

哦，睡醒了啊！

嗯，为了能活到15岁，
我要好好努力啊！

适量运动就
可以了，小哈！

累了我们就
回家吧。

怎么没跑几下
就喘得这么厉害。

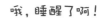

其实过过老年生活，也很安逸！
每天听听歌、舞舞剑，快哉！快哉！

苍茫的天涯
是我的爱

哎，真不知道贝贝现在是
什么样子呢？好想她啊！

什么！
真的吗？是贝贝吗？

小哈，贝贝来看你了，
快起来啊！小哈！

再见小哈

回去？回哪里去啊？

小哈，起来吧
我们要回去了。

我死了吗？怎么死的？
我死的时候爸爸和妈妈
在身边吗？

哎，别问我，
我带你去看看吧。

真是感人啊！

小哈你别走！
别走！

小哈啊！
小哈！

这辈子能有你们这样的主人，
我这狗生死而无憾了！

叫什么好呢？

小哈！就叫小哈吧！

我回来了吗？

好可爱呢！

太萌了！

怎么会是从头开始！
我还要再熬过整个青春期
才能见到贝贝啊！

哎呀，忘了给它
喝孟婆汤了。

187

本书画面生动有趣，语言诙谐幽默，在忍俊不禁中能快速了解哈士奇一生的生命轨迹。图书内容丰富，详细讲述了养一只哈士奇必须要知道的所有养育知识和细节。内容涉及养哈小测试、小哈小时候、小哈初长成、小哈老矣等内容。这是一本有温度的治愈系图书，讲述了哈士奇带给主人的欢乐与温暖，主人与哈士奇之间的温暖相伴让人读了之后感同身受，忍不住也向往着养一只哈士奇。

图书在版编目（CIP）数据

二哈，原来你是这样的汪星人／小乖绘著. —— 北京：化学工业出版社，2017.7
ISBN 978-7-122-29799-0

Ⅰ．①二… Ⅱ．①小… Ⅲ．①犬 – 驯养 Ⅳ.
① S829.2

中国版本图书馆 CIP 数据核字（2017）第 120792 号

责任编辑：李彦芳　　　　　　　　　　　　　　装帧设计：知天下
责任校对：边　涛

出版发行：化学工业出版社（北京市东城区青年湖南街 13 号　邮政编码 100011）
印　　装：北京东方宝隆印刷有限公司
710mm×1000mm 1/16　印张 12　字数 220 千字　2017 年 7 月北京第 1 版第 1 次印刷

购书咨询：010-64518888(传真：010-64519686)　售后服务：010-64518899
网　　址：http://www.cip.com.cn
凡购买本书，如有缺损质量问题，本社销售中心负责调换。

定　　价：49.80 元　　　　　　　　　　　　　　版权所有　违者必究